jagen

Zeichnungen
Gerhard Brinkmann: Titel, S. 15, 20, 35, 41, 51, 60, 64, 77, 85, 89, 91, 95;
Cattoni/ALI: S. 4, 18, 27, 68; Coco/ALI: S. 11; Getsler/ALI: S. 67;
Peter Großkreuz: S. 2, 37, 43, 49, 74, 80; Pit Grover: S. 28, 55, 86; Wilhelm Hartung: S. 30, 45, 52, 63;
Ias/Cosmopress: 59; Manfred Limmroth: S. 4, 24, 32, 38, 57, 73, 78, 82;
Balthasar Lippisch: S. 17; Mannu/ALI: S. 11; Michaud/ALI: S. 46; Moese/ALI: S. 7, 12;
Pierre/ALI: S. 92, 96; Waller/ALI: S. 70.

Druck: Dr. Cantz'sche Druckerei GmbH & Co. KG, Ostfildern
Bindearbeiten: Sigloch Buchbinderei, Künzelsau
14 15 16 96 95 94 93
Auflage Jahr
ISBN 3-8231-0129-3

jagen

Ein fröhliches Wörterbuch für Jagdfreunde, Sonntagsjäger und Trapper.

Von Alfred Stampfl
mit Zeichnungen von
Gerhard Brinkmann, Peter Großkreuz,
Wilhelm Hartung, Manfred Limmroth
und Pit Grove

TOMUS

Anblasen

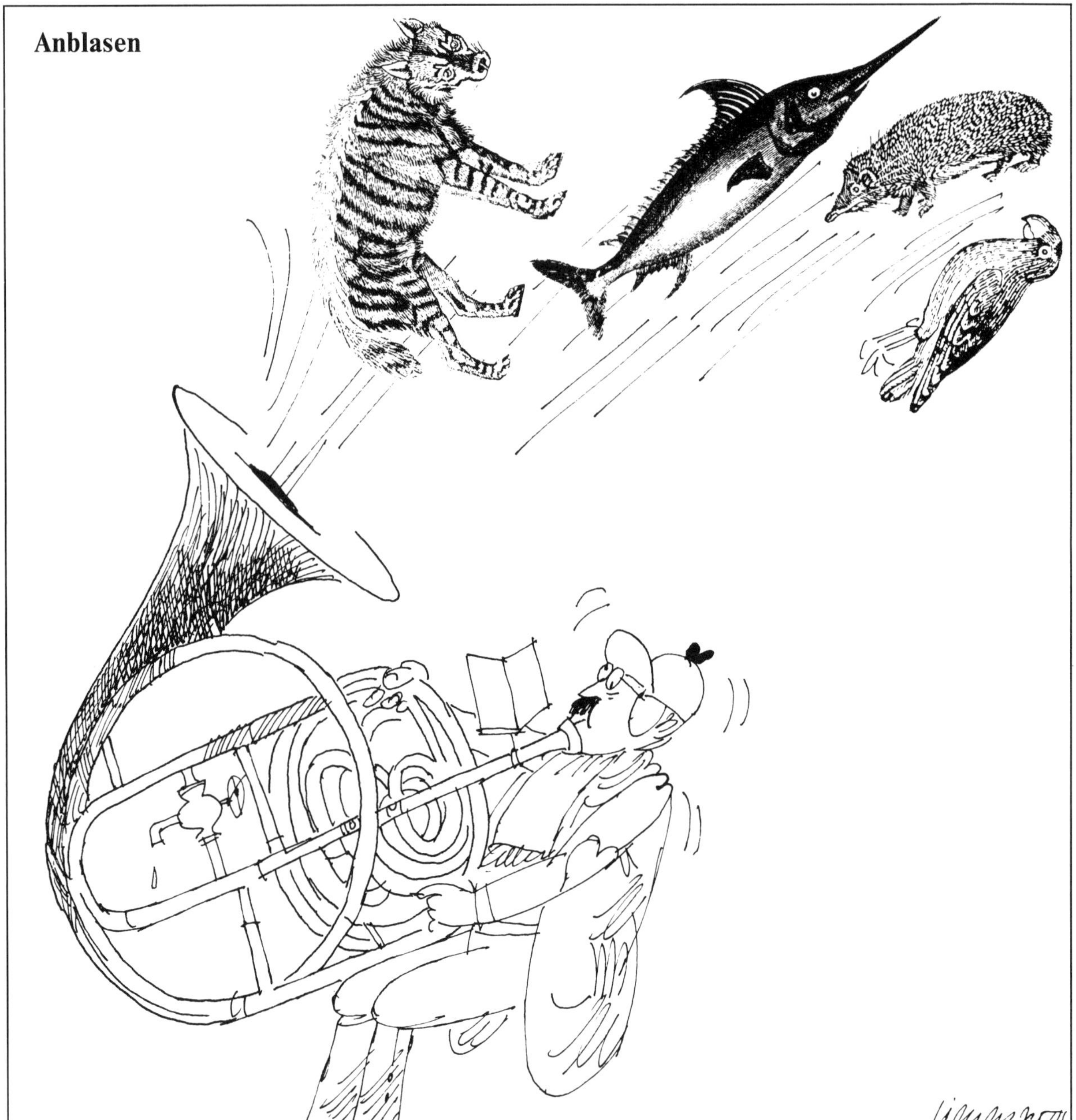

A

Abendanstand Der Anstand verlangt, daß sich ein Jäger, der sich Tag und Nacht draußen aufhält, wenigstens gelegentlich einmal am Abend bei seiner Familie zu Hause sehen läßt.

Abendbalz Hauptsächlich in Fremdenverkehrsorten zu beobachtendes Verhalten der Männchen, meist ab 21 Uhr vor und in einschlägigen Diskotheken.

Abkommen Die Kunst vorherzusagen, was hinterher eintrifft.

Adler

1. sehr häufig bei uns anzutreffender Greifvogel. Man findet ihn auf fast allen Münzen und Geldscheinen.
2. Individualpsychologe, Schüler Freuds, Österreicher.
3. alte Automarke.
4. beim Knobeln die Alternative zur Zahl bzw. Kopf.
5. Sternbild am nördlichen Himmel.

Alterskleid Von reiferen Damen ungern benutzte Bezeichnung für ein Kleidungsstück, das in der Regel um viele Nummern größer ist als in der holden Jugendzeit.

Anblasen Das freundliche Aufmerksammachen des Wildes, daß die Jagd beginnt und es sich drücken kann.

Anpfiff	Die einzige Möglichkeit des Jägers, sich beim Wild zu beschweren, wenn es nicht waidgerecht steht und zum Trotz alles mögliche anstellt, um nicht breit zu stehen. Der Jäger hat dann die Möglichkeit, dem Wild ordentlich die Meinung zu sagen (anzupfeifen). Es ist dann so verdattert, daß es stehen bleibt und zuhört. Daraufhin folgt der Blattschuß (siehe dort).
Anrufen	Nette Geste des Jägers, seine bessere Hälfte telefonisch davon in Kenntnis zu setzen, daß das Schüsseltreiben noch länger, als ohnehin schon erwartet, dauern wird. Die Anrede „Du Sau!" ist hier zu vermeiden.
Applaudieren des Wildes	Passiert, wenn der Jäger einen Fehlschuß abgegeben hat. Dann sammelt sich alles Wild in sicherer Schußentfernung und klatscht dem Schützen Beifall, bis es ihm in den Ohren dröhnt.
Aufmüden	nennt man die Tätigkeit der Jägersgattin, wenn sie ihren Jäger nach einer längeren Jagdgenossenschaftssitzung oder einem Schüsseltreiben morgens aus dem Bett zu bringen versucht.
Auftreffwucht	ist die Energie, die das Geschoß (siehe dort!) im Ziel aufbringt. Wird vom Stück quittiert. Abhängig von der Laborierung (siehe dort).
Augsproß	Das Lieblingskind in der Jägerfamilie, das Nesthäkchen.
Ausgehen	Verfolgen einer Fährte (siehe ,,Abendbalz'').

Ausgehen (Verfolgen einer Spur):
„Ja, du hast recht! Ich finde Schwarzwild auch besonders niedlich!“

Auspochen	Langsames Ausklingen des Schädelbrummens nach einem verlängerten Schüsseltreiben.
Ausschuß	Kommt bei guten Treffern vor und sondert minderwertige oder unbrauchbare Teile aus.
Autogrammjäger	Seltsamer Mensch, der hinter Gewichtsteilen von Fahrzeugen her ist.
Automarder	Diebsgesindel, das sich vom Autoklau ernährt.
Autorenreferat	Eigenvortrag eines erfahrenen Rens über die Lebensweise der eigenen Art in der Einsamkeit des nordischen Lapplands unter besonderer Berücksichtigung der Mittsommernacht.

B

Ballhatz	Versuch unermüdlicher Schürzenjäger, möglichst kein Tanzvergnügen auszulassen.
Ballistik	Häufig gebrauchtes Kunstwort aus der Psychotherapie, mit der die inneren Spannungen von Fußballplatzbesuchern erklärt werden können (Ballverliebtheit).

Ausschuß

Balzarie	Stets gleichlautender Eroberungsversuch alter Spruchbeutel.
Bart	Jede männliche Wildart besitzt, ebenso wie der Mensch, als sekundäres Geschlechtsmerkmal einen Bart. Der Jäger unterscheidet Kinn- und Oberlippenbart. Seltener kommt der Vollbart vor, z.B. beim Elch und Bartgeier. Kinnbärte des Wildes werden gerne gebunden und an den Hut gesteckt. Wir kennen den Gams-, Dachs-, Sau-, Hirschbart sowie den Bart beim Auerhahn als Kinnbart. Den Hasen-, Fuchs- und Schnepfenbart als Oberlippenbart. Die Bartlänge ist oft sehr unterschiedlich. Eine Abart des Bartes findet sich auch beim Witz. Mitunter ist dabei eine Seilwinde vonnöten, um die Länge des Bartes aufzukurbeln. Es gilt der Spruch: „Je länger der Bart, desto älter ist er.“
Bast	Äußerst geschmackvoller Exportartikel. Wird vom Reh, Rot-, Dam- und Sikahirsch gewonnen, in Streifen getrocknet, gebündelt und nach Gewicht an südostasiatische Abnehmer billigst verkauft, die daraus Röckchen arbeiten lassen, welche von Touristen für teures Geld wieder als Souvenir nach Hause gebracht werden.
Baummarder	Schädlinge der Forstwirtschaft. Sie warten bis das schlagreife Holz eingebracht und zu Sters aufgeschichtet ist, um es bei Nacht und Nebel wegzufahren.
Behang	Öffentliches Zurschaustellen des Inhalts von Schmuckschatullen

Bart:

„Wer sagt uns, daß es nicht doch ein Wildschwein ist, das sich zur Tarnung rasiert hat?“

Beihirsch:
„Der Kerl scheint wie vom Erdboden verschluckt!“

Beihirsch
Jünger als der Platzhirsch (siehe dort!). Er schaut bei geeigneten Gelegenheiten dem älteren das Brunftverhalten ab und versucht mit den Jahren, sich selbst zum P. hochzuarbeiten. B.e greifen oft P.e an, um ihre Stärke zu testen. Manchmal gelingt es ihnen, ein Stück abzusondern und in die Brunftkuhle (siehe dort!) zu treiben.

beschlagen
heißt die Tätigkeit des Bockes, der dem weiblichen Stück neue Hufeisen annagelt.

Biber
Ganzjährig geschontes Nagetier. Früher wurde es stark bejagt, weil man sich vom Bibergeil (siehe dort!) aphrodisierende Wirkung versprach. Ob seines breiten Schwanzes beneidet.

Bibergeil
Fälschlich als Hoden bezeichnete Drüsen des Bibers (siehe dort!), auch Geilsäcke genannt. Keine aphrodisierende Wirkung. Jäger wissen da viel bessere Mittel.

Biberschwanz
Genausowenig wie beim Fuchsschwanz (siehe dort!) der hintere Teil des Bibers, sondern ein flacher Dachziegel.

Birkhahnbalz (Hahnenfalz)
Nachahmung von überlieferten menschlichen Bräuchen aus dem süd- bis südostbayerischen Raum durch Birkhahnen. Vermutlich durch Beobachtung auf Tanzböden entstanden. Der bayerische Schuhplattler ist zweifelsfrei das Vorbild zur Falz. Bei den Vögeln

fehlt natürlich die unnachahmliche Eleganz der Bewegungen bayrischer Burschen, weil ihnen auch ein Orchester und eine Brauerei abgeht. Die Birkhahnen besorgen sich ihre Musikbegleitung selbst, indem sie Zischlaute, ähnlich tschii — hui ausstoßen, um auch damit den Weibchen zu imponieren.

Bisam Ultimative Aufforderung von Behörden oder Inkassobüros, etwas zu einem bestimmten Zeitpunkt erledigen zu müssen. Beispiel: Sie haben bis am 31.4. Ihre Miete zu zahlen.

Blatt Jene legendäre Stelle beim Schalenwild, auf die stets geschossen wird. Der Treffer ergibt den Blattschuß (siehe dort!).

Blattschuß Wichtiger Bestandteil und häufig vorkommender Begriff im Jägerlatein (siehe dort!).

Blattzeit Der richtige Moment, um den Blattschuß anzubringen (siehe dort!).

Blender Ein Jagdhund, der aus lauter Begeisterung alles mögliche anzeigt und vorsteht, ein richtiger Sunny Dog.

Blinker TÜV-geprüfter Vorstehhund, der mit Richtungsweisern ausgerüstet ist, damit man rechtzeitig erkennt, welche Richtung er einzuschlagen gedenkt. Sehr hilfreich bei einer Nachsuche, die nachts stattfindet.

Blender

Bockfieber	Ähnlich dem Schußfieber (siehe dort!)
Bock schießen	Das ist es, was den Jäger vom Nichtjäger unterscheidet. Während der Normalbürger dafür zur Verantwortung gezogen wird, und er es möglichst vertuschen will, wenn es ihm passiert, ist der Jäger stolz darauf, einen Bock geschossen zu haben. Dieses Erlebnis wird weitererzählt und ausgeschmückt (siehe Jägerlatein!).
Brandadern	Unentbehrliche Adern, die den Alkohol in seine Bahnen lenken und bei genügender Zufuhr dem unkontrollierbaren Durst Einhalt gebieten. Abgeleitet aus dem Wort Brand = bay'risch für Durst.
Brunftfleck	zeigt sich im Gesicht des Waidmannes, wenn er meint, ein brunftiges Stück ausgemacht zu haben.
Brunftkuhle	Anderer Ausdruck für die Wohnung eines nicht verheirateten Jägers.
Büchse	1. ein Behältnis, um etwas hineinzutun. 2. mit der Flinte (siehe dort!) verwandt. Auf Schalenwild ist nur der Büchsenschuß erlaubt. Er wird auf breitstehende Stücke angewandt. Man hat mehr Zeit zum Zielen und kann dadurch den Schuß besser plazieren. Der Schuß aus der Büchse ergibt — bei richtiger Ausführung — einen kleinen Ein- und einen etwas größeren Ausschuß. Die Trefferquote beim Büchsenschuß ist höher als die beim Flintenschuß. Erfahrene Jäger bevorzugen selbstladende Repetierbüchsen, die den Rückstoß (siehe dort!) ausnutzen, um mehrmals hintereinander zum Schuß zu kommen.

Brandadern:
„Hast du auch dein Fernglas nicht vergessen?“

Diplomatenjagd:
„Haben Sie vielleicht eine
Erklärung dafür, wohin die Viecher plötzlich
entschwunden sind?"

Büchsenfutter	Fertignahrung für den braven Hund, damit's ein Prachtkerl wird.

C

Couteau de chasse	Jagdmesser des gebildeten Jägers.

D

Damspießer	Prahlhans.
Decke	Es gibt zwei Arten, die Sommer- und die Winterdecke. Mit dem oberen Teil eines Zimmers hat diese Art Decke nichts zu tun. Vielmehr wird damit die Zudecke des Schalenwildes bezeichnet, es sei denn, es handelt sich um Schwarzwild; denn das trägt eine Schwarte. Im Sommer trägt man eine leichte, luftige Decke, im Winter müssen dickere, Kälte undurchlässigere benutzt werden.
aus der Decke schlagen	unsanftes Aufwecken durch Wegziehen der Decke.
Diplomatenjagd	Nach dem olympischen Gedanken ausgerichtete Jagdart (dabeisein ist alles). Dabei werden Botschafter ferner Länder — die wohl das Wort „Jagd" schreiben können, aber nichts damit anzufangen wissen — in grünen Loden gesteckt, mit echten Gewehren bewaffnet (Auslöser für die plötzlich eintretende unheil-

Ente:
Seit April 1983 ist der Begriff der „Zeitungsente“ auch auf Illustrierte erweitert.

schwangere Atmosphäre) und mit dem Versprechen, nicht aufeinander zu schießen, zum Treiben eingeteilt. Die (routinierten) Treiber versuchen dabei möglichst, den doppelten Sicherheitsabstand einzuhalten und sich so wenig wie möglich sehen zu lassen. Vermutlich deshalb ist bis jetzt noch nicht bekannt, daß man einen von ihnen zur Strecke legen mußte.

DJV Deutscher Jagdschutz-Verband bzw. Deutscher Journalisten Verband. Die gemeinsame Abkürzung ist nicht von ungefähr, da auch den Journalisten der Ruf eines Jägers anhaftet. Deutliche Unterschiede sind jedoch nach erfolgreicher Jagd zu vermerken. Das eine Ergebnis ist anregend für den Geist, das andere wohltuend für den Magen (im Idealfall, von Verstimmungen abgesehen).

Drilling Wird nicht so oft bei Jägern angetroffen wie Zwilling (siehe dort!), aber noch häufig genug.

Drossel 1. Singvogelgruppe,die sich in verschiedene Unterarten unterteilen läßt. Die bekannteste ist die Singdrossel. Außerdem gibt es die nach ihrer Lieblingsnahrung so benannte Schnapsdrossel, die allerdings unter Jägern weitgehend unbekannt ist.
2. Klappe in der Luftröhre des Wildes, die beim Zusammendrücken zum Erdrosseln führt.

Dünnung Frühlingskur mit dem Ziel, den Winterspeck loszuwerden.

Düsenjäger Die schnellsten aller Jäger.

Duftmarken Erfindung des Postrats a.D. Alfons Duft, bestimmte Briefmarkenserien mit Duftstoffen zu versehen, die beim Anfeuchten der Gummierung ausströmen. An die Ausgabe einer Serie mit Blumenmotiven sollen sich auf Dufts Wunsch auch Jagdszenen anschließen. Um Vorschläge an das Bundespostministerium, welche Tiere am charakteristischsten riechen und deshalb in einer Duftmarkenserie Aufnahme finden sollten, wird gebeten.

E

Einstand 1. Ausgleich beim Tennismatch.
2. Nette Sitte, sich in einem neuen Kreis von Kollegen oder Jagdgenossen durch Ausschenken alkoholischer Getränke beliebt zu machen.

Elefantenbüchse Geschlechtsteil des weiblichen Elefanten.

Ente 1. Federwildart, bekannt ob ihres Wohlgeschmacks und seiner wackeligen Gangart (siehe Latschen!)
2. Bezeichnung für ein Automobil französischer Bauart.
3. Bestandteil der sog. Kalten Ente, wobei das Tier nicht gebraten, sondern ungerupft in Essig und Öl mit einem Thymianzweig eingelegt wird.
4. Bezeichnung einer Fehlmeldung in Zeitungen. Seit April 1983 erweitert auf Illustrierten, weil eine große

Enteneinfall:
„Man muß seine Augen gut offenhalten! Enten sind ungeheuer raffiniert. Sie ziehen an einem vorbei, ohne daß man sie bemerkt!"

Entstechen:
Wenn der Jäger aus irgendwelchen Gründen nicht zum Schuß kommt, ist es seine Pflicht, sofort zu entstechen.

deutsche Wochenillustrierte die bisher größte E. veröffentlichte.

Enteneinfall Bezeichnung für den Einfallsreichtum, mit dem Enten dem Jäger zu entkommen trachten, der nicht durch hohes Schilf oder die Anlage eines Schirms für gute Deckung gesorgt hat (siehe Bild!).

Entenlocke Beliebtes Souvenir, das den Enten vom Haupthaar abgeschnitten und am besten zusammen mit dem Jagdschein aufbewahrt wird.

Entenstrich Morgen- und Abendjagd auf Enten, bei der besonders die Stockente bejagt wird, weil sie einen Gehfehler hat, wie der Name schon sagt. Ab und zu kommt man auch auf etwas anderes zu Schuß.

Entfernung Bezeichnung für den Abstand zwischen Waidmann und Wild. Seit durch eine Indiskretion unter den Tieren,die dem Jagdrecht unterliegen, bekannt wurde, daß Jäger lieber den Schuß im Lauf lassen, als zu weit zu schießen, besteht unter ihnen die Tendenz, die E. möglichst groß zu halten. Dadurch wird die Aufgabe des Waidmannes zusätzlich erschwert.

Entfernungsmesser Forstbeamter mit Spezialausbildung, der „Hohen Tieren“ (siehe dort!) das ungeliebte Schätzen von Entfernungen abnimmt und vor Antragen des Schusses die entsprechenden Ratschläge erteilt.

Entspannen Bei einem falsch angesprochenen Stück ist es wichtig,

	nach dem Entstechen (siehe dort!) auch zu entspannen, d.h. die Büchse in den Ruhezustand zu bringen. Ein versehentlich abgegebener Schuß kann verheerende Folgen haben.
Entstechen	Wenn der Jäger — aus welchen Gründen auch immer — nicht zum Schuß (siehe dort!) kommt, ist es seine erste Pflicht, sofort zu entstechen, d.h. der Büchse (siehe dort!) die Gefährlichkeit zu nehmen, so daß sich der Schuß nicht unbeabsichtigt doch noch löst (siehe auch entspannen!).

F

Fährtenbruch	Von Druckfehlern entstelltes Fahrtenbuch.
Fahne	Untrügliches Zeichen für den Genuß von Zielwasser.
Falkner	Jäger, der sich hauptsächlich mit Vögeln beschäftigt.
Fallwild	Besonders gefährdete Tiere (siehe „Zwergschnepfe").
Fangeisen	Ehering
Fangtag	Tag, an dem es der Jägersbraut gelingt, den ihrigen endlich vor den Traualtar zu schleppen.
Fasanen	Hühnervögel, denen von Jägern Hörner aufgesetzt wurden. Stehen ungern auf (siehe auch „Morgenmuffel"!).

Fasanen:
„Wenn ich ein Gewehr dabei habe, stehen die Viecher nie auf!“

Flinte:
Spezialkonstruktion

Federschütze	Jagdherr, der in fremden Federn zum Schuß kommt.
Federspiel	Lustiges Spiel, mit veränderlichen Regeln, das während der Mußestunden gerne und bevorzugt von Falknern (siehe dort) gespielt wird.
Fegezeit	Dauer des Hausputzes.
Feigenblatt	Das erste modische Accessoir.
Feinkorn	Getreideart, die gebrannt einen besonders gelungenen Schnaps ergibt.
Feldstecher	Liebhaber im Freien.
Flintc	Dcs Jägcrs licbstcs Stück. Wenn er sie in die Hand nimmt, erwachen sämtliche Leidenschaften. Er pflegt sie auch von allen Dingen, die ihm am Herzen liegen, am besten. Von ihrer einwandfreien Funktion ist schließlich sein Erfolg abhängig. Nur wer seine Flinte richtig zu führen weiß, ist ein echter Jäger. Die Kunst dabei ist, im richtigen Moment, nicht zu früh und nicht zu spät, den Schuß kommen zu lassen. Viele haben es probiert, nur wenige beherrschen es. Ähnlich ist es mit der Büchse (siehe dort unter 2.).

Fuchsschwanz

Fuchs	Um Fuchs zu werden, ist Abitur Voraussetzung. Im ersten Semester ist man Fuchs.
Fuchsie	Name des weiblichen Fuchses.
Fuchsschwanz	Nein, eben nicht das lange buschige Stück am Ende des Fuchses, sondern eine kurze Handsäge.
Fuchsspur	Sollte möglichst nicht mit der von Hasso verwechselt werden (siehe auch „Gehorsam!“).
Futteral	Aus unterschiedlichem Material gefertigte Hülle, in der die Büchse oder Flinte steckt, wenn sie nicht gebraucht wird.

G

Gabelweih	Gesegnete Mahlzeit.
Gamsig	Brunftverhalten bei der Gams. Kommt auch nur da vor. Kann nicht auf den Waidmann angewendet werden.
Gamskugeln	Extra für die Gemsenjagd entwickelte Geschosse.
Gehörn	Kopfschmuck des betrogenen Ehemannes (siehe „Federschütze“!)
Gehörnter Hase	Kreuzung zwischen Rehbock und Häsin.

Gehorsam

HASSO! BRING DAS HÄSLEIN, HASSO!
HASSO, DAS HÄSLEIN - BRING ES!
HASSO!
WENN DU JETZT NICHT DAS HÄSLEIN BRINGST....
...DANN MAG ICH ES AUCH NICHT MEHR HABEN!
PLATZ! SIEHST DU: ZUR STRAFE BLEIBST DU JETZT STEHEN!
Limmroth

Gehorsam	Oberste Pflicht eines Jagdhundes. Nichtjäger glauben, daß man den Spruch „Wie der Hund, so der Herr“ darauf zurückführt, daß der Jäger zu Hause ebenfalls dem G. unterworfen sei. Das aber ist eine hundsgemeine Lüge.
Geläuf	So bezeichnet der Jäger die Gangart eines Mitmenschen, bevorzugt weiblichen Geschlechts, wenn diese mit ihren Absätzen nicht zurecht kommt.
Gelt	Ein in der Jägersprache sehr beliebter Ausspruch. Er wird als Frage, eine Zustimmungsaufforderung gebraucht. Sinnverwandt ist: Stimmt das? Nicht wahr?
Gemse (die)	Gams (das), einzige in Mitteleuropa noch vorhandene Antilopenart. Jeder Gebirgswanderer hat schon Gemsen gesehen. Über die Lebensweise der G. ist allerdings nur Eingeweihten mehr bekannt. So legt die Gamsgeiß in ein wohlvorbereitetes Nest (Gamshorst) das aus Zweigen der Legföhre oder Krummholzkiefer und Haaren, die sie dem Bock am Unterkiefer ausrupft (Gamsbart), ein bis zwei Eier. Nach 125 bis 127 Tagen Brutdauer schlüpfen die Kitze. Die Eischalen werden nach dem Schlüpfen sofort von den Kitzen aufgeäst (Kalk). Bis zur Geschlechtsreife, dem 4. Lebensjahr, tragen die G. das Gamsfederl, die begehrteste Trophäe der G. Der Gamsbart am Unterkiefer des Bockes ist ebenfalls sehr beliebt und wird gerne als Hutzier getragen. Die Gamskrucken werden von der G. dazu be-

nutzt, um sich in die Höhe zu ziehen. Die G. hängt sich dabei mit ihren Krucken an Felsvorsprünge oder Latschen (siehe dort!) ein und zieht sich hoch. Als besondere Delikatesse gelten unter den Eingeweihten die Gamsfeigen, das sind Drüsen, die sich hinter den Krucken befinden und zur Brunft anschwellen. Sie sind wohlriechend, und mit Zwiebeln und Basilikum gebraten eines der feinsten Wildschmankerln, besonders wenn sie mit dunklem Bier abgelöscht werden. Dazu trinkt man Enzian.

Geschoß

Vor jeder Schußabgabe auf ein Stück ist zu überlegen, welche Geschoßart verwendet werden soll. Es befinden sich mannigfaltige Geschoßtypen im Umlauf, als da sind: Teilmantelspitz, Kegelspitz, Kupferhohlspitz, Rundkopf, Torpedo-Ideal- und Torpedo-Universal-Geschoß, um nur einige zu nennen. Jeder Jäger suche sich zu seinem Kaliber (siehe dort!) passend das richtige Geschoß und die richtige Laborierung (siehe dort!) selbst aus. Empfehlungen können zwar gegeben werden, aber jeder führt seine Büchse auf andere Art und Weise, eben so, wie es für ihn am angenehmsten ist.

Gestrichenes Korn

Gut eingeschenkter Branntwein

Goldfasan

Bunter Vogel, der gerne herummarschiert, seine Pracht zur Schau stellt und sich von großen Volksmengen bewundern läßt. Am häufigsten trifft man ihn bei Truppenparaden an.

Gemse

Großgreife Millionenraub.

Grün 1. Eine Farbe, deren Wellenlänge zwischen 490 und 560mμ liegt. Sie ist die Lieblingsfarbe des Jägers. Er paßt sich seiner Umgebung im Wald durch entsprechende Kleidung an. Manche Jäger tragen sogar grüne Unterwäsche und haben grüne Taschentücher.
2. Hat nichts mit der Jagd zu tun. Das ist nur die Bezeichnung für einen bestimmten Teil des Golfplatzes.

Grüne Hat ebenfalls nichts mit der Jagd zu tun. Es ist eine politische Gruppierung, die sich einfach des Jägers Farbe aufs Panier geschrieben hat. Angeblich sind die Grünen wie Tomaten, jung sind sie grün, je älter sie werden, desto röter werden sie.

H

Hahnrei Männliche Abart des Huhnes. Dieses Wild trägt Hörner, die aber nicht von jedem gesehen werden können. Das weibliche setzt dem männlichen die Hörner auf. Umgekehrt wird nur äußerst selten berichtet (fortgeschrittene Emanzipation).

Halali Von Französisch „Ha, la lit!“ = „Ha, da liegt er!“ Beliebtestes Jagdsignal, weil es das Ende der Jagd und damit den Beginn der eigentlichen Veranstaltung anzeigt.

Haltepunkt Bus- oder Bahnstation, an der nur bei Bedarf gehalten wird.

„Ich habe etwas zu früh **‚Halali’** gerufen!“

Hasenpfeffer

handscheu	Eigenschaft von Junggesellen, die sich solange weigern, ihrer Freundin die Hand zum Lebensbund zu reichen, bis sie schließlich doch ihr Schicksal ereilt (siehe auch „Fangtag"!).
Hasardschuß	Verzweifelter, aber gelungener Versuch, das Jagdglück zu wenden.
Hase	1. jagdbares Wild, ob seines Wohlgeschmacks begehrt. Eine Fangmethode (siehe unter Hasenpfeffer!). 2. wird ein junges Mädchen genannt, weil es ähnlich dem 1. von allen Junggesellen gejagt wird, sich drückt und bei Annäherung die Sasse verläßt, um das Hasenpanier zu ergreifen. Außerdem ist es genauso kuschelig, gelehrig und gut zu halten, wobei es wenig Ansprüche stellt.
Hasenpfeffer	Eine besondere Art von Pfeffer, der aus seinem Anbaugebiet, den Malediven, importiert wird und in guten Jagdartikelgeschäften zu kaufen ist. Man beachte dabei, daß man nur ganze Körner kauft, also ungemahlen. Das besorge man mittels einer eigenen Hasenpfeffermühle selbst. Der H. wird zum Hasenfangen benutzt. Man sucht sich einen passenden, etwa vierfach faustgroßen Stein, der unten flach ist und oben eine Ausbuchtung hat. Nun streut man etwas H. aus der Mühle auf den flachen Teil (sparsam sein), und wartet in der Nähe, bis sich ein Häschen nähert. Da dieses sehr neugierig und feinschmeckerisch ist, wird dieser Hase am Pfeffer schnuppern (weil er den maledivischen Pfeffer nicht kennt), muß niesen, haut sich

	dabei das Hirn an der Ausbuchtung ein, ist benommen und kann jetzt vom Jäger in aller Ruhe eingesammelt werden. Das kann wiederholt werden, bis man genug Hasen erbeutet hat. Das gute an dieser Fangmethode ist, daß man beim Verzehr nie auf Schrotkörner beißt und das Wildbret auch nicht zerschossen wurde.
hassen	Früher auftretende Gefühlsregung eines Jägers, der in seinem Revier einen Hirsch herangehegt hatte, bis er Klasse Ia war und erleben mußte, daß er in der Brunftzeit zum Nachbarn wechselte und erlegt wurde. Heute unmöglich dank der ,,Hegeringe'' (siehe dort!).
Hegering	Besondere Auszeichnung für einen Revierinhaber, der sich der Erhaltung und Pflege der einheimischen Wildarten gewidmet hat. Er wird jedes Jahr anläßlich der Hegeringversammlung neu vergeben.
Heuschober	Beliebte Übernachtungsstelle bei Jägern, die keine eigene Jagdhütte im Revier haben. Der Jäger muß allerdings seinen Hund mitnehmen, damit dieser anschlagen kann, wenn die Dorfjugend sich dieser heimeligen Stätte zu bemächtigen versucht.
Hinterlassen	Ein nur beim Rotwild vorkommender Ausdruck. Weil Hirsche polygam sind und viele Nachkommen zeugen, muß das Erbe geregelt sein. So ist z.B. die vererbte Geweihform ein typisches Hinterlassen.
Hirsch	1. 200-Liter-Faß mit Bier 2. Schimpfwort

Hegering

3. ein Tier, von dem die Naturschützer (siehe dort!) behaupten, es gäbe zu viel davon, und die Jäger wissen, daß es nur noch ganz vereinzelt einige wenige gut versteckte Exemplare gibt (in Island).

Hirschfänger Jäger, der statt der Büchse ein Lasso benutzt.

Hirschfieber Form des Jagdfiebers, das den Jäger beim Anblick eines Hirsches befällt. Wird in Deutschland, Österreich und der Schweiz durch Betrachten von Fotos kapitaler Hirscher künstlich erzeugt.

Hitze Wallungen des Blutes bei liebestollen Hündinnen (siehe Hundstage!), soll angeblich beim Menschen ähnlich verlaufen.

Hörner Am wenigsten geliebte Trophäe. Es wird verzweifelt versucht, dieser im Glück drohenden Gefahr aus dem Weg zu gehen (bzw. geschlechtsabhängig — sie einem anderen aufzusetzen). Die Hörner findet man ausschließlich auf dem selten vorkommenden Hahnrei (lat. capus cantus).

Hohes Tier Hat nichts mit einem hochbeschlagenen Tier, das bald setzen wird, gemein. Das Hohe Tier trifft man vielmehr vorwiegend in Staatsforsten und dort meistens in der Mehrzahl an. Da es das ganze Jahr über geschützt ist, vermehrt es sich unaufhaltsam. Zu seinem Schutz werden eigens abkommandierte Forstbeamte einge-

Hörner

setzt, die das Hohe Tier einzeln oder in Gruppen zu hochjagdbaren, kapitalen oder hochkapitalen Hirschen führen, auf die nur vom Hohen Tier geschossen werden darf. Der in der Regel erforderliche Fangschuß bleibt dem begleitenden Beamten vorbehalten, der Schützenbruch dagegen dem Hohen Tier.

Horn Telefon des Jägers (altertümliche Form des Telefons). Zeigt das Traditionsbewußtsein dieses Standes.

Hosenflicker Schneider, der einem Jäger das zerfetzte Beinkleid richtet.

Hubertus Hilft, wenn sonst nichts hilft.

Hühnergalgen Grillspieß

Hundekuchen Ein wohlschmeckendes Gericht, das weniger ein Kuchen, so doch mehr pastetenartig ist, angereichert mit Kräutern wie Majoran, Oregano und Pimpernell sowie Trüffeln und Lorcheln. Wird nur noch von einigen wenigen Hundekuchenbäckern hergestellt. Adressen erhalten Sie über den Verlag.

Hundeschläge Prügel, die solange verabreicht werden, bis der Hund einer bestimmten Rasse zugeordnet werden kann.

Hundstage Wenn der Garten des Besitzers einer läufigen Hündin

Hundekuchen

Jägerlatein:
„Das gäbe ein tolles Buch,
wenn wir ihn überreden könnten,
seine Memoiren zu schreiben!“

plötzlich von einer liebestrunkenen Horde von Verehrern aus der ganzen Stadt gestürmt wird und sich das Haus im Nu in ein Eros-Center verwandelt, dann kann man die Bedeutung von Hundstage genau ermessen. Man kann dann nur noch beten, daß in der ganzen Stadt bald alle Hündinnen läufig sind. Kommt vor!

J

Jägerei	Ein Hoden des Jägers.
Jägerlatein	Diejenige Erzählkunst, die nach Überlieferung durch jahrelange Übung den Erzähler befähigt, ein schwaches Stück, auf 20 Schritt schlecht geschossen, mit jeder Erzählung in ein Prachtexemplar zu verwandeln, das unter schwierigsten Umständen auf weiteste Entfernung mit einem gekonnten Blattschuß erlegt wurde.
Jägermeister	Einer von allen.
Jägerzinken	Besonders guter Riecher eines Waidmannes.
jagdbar	Eigenschaft von Wild, das dem Jagdgesetz unterliegt und deshalb nachts an Bars unter Verwendung jägerlateinischer Begriffe gejagt werden darf.
Jagderlaubnis, unentgeltliche	Jagd auf dem Wege des Armenrechts. Beschränkt sich meist auf Hochstandbauen, Anlegen von Pirschwe-

	gen, Füttern im Winter, Fallenstellen und -kontrollieren, sowie den Abschuß eines Kümmerers.
Jagdfex	Dankbares Opfer eines Herrenausstatters mit Sportabteilung
Jagdfieber	Leicht zu diagnostizieren: Ruheloses, anscheinend sinnloses Hin- und Herrennen des Befallenen, unsteter, wirrer Blick, andauerndes Auf-die-Uhr-Sehen, Suche nach Ausreden. Kann sich bis zu Anschlagübungen im Bad mit der Flinte vor dem Spiegel steigern. Das Jagdfieber ist übertragbar und ansteckend, sowohl unter Jägern als auch auf deren Hunde.
Jagdgast	Sollte im vorhinein zumindest in groben Zügen über das informiert werden, was ihn erwartet (siehe Bild!).
Jagdgebrauchshund-verband	Einzig zugelassene Mullbinde zur Hundepflege.
Jagdherr	Unumschränkter Herrscher in seinem Revier über Jungjäger und sonstige Erlaubnisscheininhaber.
Jagdleiter	Ermöglicht müheloses Besteigen des Hochsitzes.
Jagdmesser	Amtlich geeichter Prüfer, der darüber wacht, daß das Zielwasser gerecht an alle Jagdteilnehmer ausgeschenkt wird, damit niemand übervorteilt und keiner benachteiligt wird.

„Vielleicht sollten Sie
Ihren **Jagdgast** wenigstens in groben Zügen
über die Jagdgebräuche aufklären?“

Jagdneid Unter Waidgenossen unbekannter Charakterzug (Bezeichnung für Freibrief).

Jagdterrier Diese Hunderasse wird nur gegen Vorlage des Jagdscheines abgegeben. In Ausnahmefällen genügt auch ein Waffenschein. Diese Hunde beißen sich zuerst fest und schauen dann erst, wie groß der Gegner ist. Nur für starke Charaktere geeignet.

K

Kahlhirsch Glatzkopf.

Kaliber Gibt die Länge und den Durchmesser der in die Büchse zu ladende Patrone an. Es hängt stark vom zu beschießenden Stück ab. Für ein starkes Stück braucht man ein größeres K. Führt der Jäger kein großes, so soll der Schuß darauf unterbleiben. Er soll sich ein schwächeres Stück suchen, das dem kleineren Kaliber angemessen ist. Das Erlebnis ist deswegen in keinster Weise geschmälert. Auch der Schuß auf ein Schmalstück hat seine unvergleichlichen Reize.

kalte Balz Abendbalz (siehe dort!) im Winter.

Kammerjäger Eigener Berufsstand, dessen Betätigung nicht in freier Natur, sondern in geschlossenen Räumen (Kammern) stattfindet.

Jagdterrier

Kammerjäger

Katzenzunge	Kleines Stück Schokolade.
Keif	Ständig räsonierendes altes Weib.
Keiler	So wird ein Pferd genannt, das sich unruhig gebärdet und nach hinten ausschlägt.
Keilriemen	Geschlechtsteil des männlichen Wildschweines.
Kelle	Manche Waidgenossen geben eine ganz schöne an.
kesseln	Bewegungsablauf bei jemandem, der eine kesse Sohle auf's Parkett legt.
Kiebitz	Lästiger Vogel, wird ab und zu an Jägerstammtischen beim Schafskopfen oder Skatspielen bemerkt und möglichst bald verscheucht.
Kirchgang	Letzter Ausweg für Hirsche.
Klageblätter	Blätter mit Druckfehler, auf denen alle Klagen gesammelt worden sind, die jemals gegen Jäger vorgebracht wurden; füllen ganze Bibliotheken.
Klappern	1. Hornringe am Schwanz von Grubenottern. 2. Gehört zum Handwerk.
klatschen	Unangenehme Angewohnheit des Damwilds, nach ei-

	nem Fehlschuß mit dem Wedel gegen die Keulen zu schlagen (siehe auch „Applaudieren"!).
Klaue	Beute eines Ladendiebs.
Klopfjagd	Bemühung von Parapsychologen, dem Phänomen der Klopfgeister auf die Spur zu kommen.
Knappeule	Einprägsamer Terminus, der inzwischen eingeführt wurde, um auf die Bedrohung des Waldkauzes hinzuweisen.
Knicker	Jagdgenosse, der nach der ersten Lokalrunde keine zweite ausgeben will.
Knopfspießer	1. Nähnadel. 2. Korrekt gekleideter Waidmann (siehe auch „Jagdfex"!).
Kompanieschuß	Eine(s) für alle.
Koppeljagd	Revier, in dem ein gefährlicher Bazillus grassiert (siehe „Jagdneid"!)
Korn	In flüssiger Form nimmt es der Jäger in seinem Flachmann mit sich, um aufkommendes Schußfieber (siehe dort!) zu bekämpfen oder im Winter die aufsteigende Kälte.

Korn:

„Den habe ich schon öfter auf's Korn genommen. Offenbar hat er mich wiedererkannt!"

Latschen
NICHTJÄGER

Kupieren Operation, die einzig und allein nur und auch nur beim Hund vorgenommen wird, indem man ihm den Schwanz kürzt, damit er ihn sich in freudiger Erregung nicht irgendwo wundschlägt.

L

Laborierung Eigentlich nichts anderes als die Pulver-Ladung, mit der später die Auftreffwucht beeinflußt wird. Sie kann vom Schützen selbst bestimmt werden, wenn er Wiederlader ist. Auch hier ist eine Menge Erfahrung mit Pulver und Geschoß nötig. Übung macht den Meister.

Latschen 1. Nennt der Jäger das Schuhwerk von Nichtjägern, abgeleitet von den Füßen der Gänse und Enten. Dazu das Verb: latschen. Bezeichnet die Gangart der Nichtjäger durch den Wald, wobei alles niedergelatscht wird, was gerade im Weg steht.
2. Praktische Fangvorrichtung für den Gebirgsjäger. Bei Ausrutschern auf Geröll kann er sich mit Genuß der Abwärtsfahrt widmen. Irgendwann landet er sicher in Latschen, die dehnbar und reißfest sind. Besonders über Abhängen angebaut, ermöglichen sie sportliche Betätigungen wie z.B. den Bauchaufschwung mit Rucksack und Gewehr.

Lauferhitzung kommt bei schnell hintereinander abgegebenen Büchsenschüssen vor, wenn man sich keine Zeit zum Abkühlen läßt. Führt zur Streuung (siehe dort!).

Leibjäger	Unterart des Schürzenjägers, konzentriert sich gleich auf das Wesentliche.
Lichtung	Beim Jäger auftretende erste Haarausfallserscheinung, im allgemeinen Sprachgebrauch Geheimratsecken genannt.
Löffelmann	Schüsseltreiber.
Losung	Erkennungszeichen bei allen Wildarten untereinander und auch anderen gegenüber. Auf die richtige Losung kommt es an.
Luderplatz	Kontakthof im Eroscenter

M

Märzhasen	Bezeichnung Kaiser Wilhelms II. für Engländer.
mäuseln	Geld zählen.
Marder	Vielschichtige Raubtierart, die sowohl in Städten als auch in freier Wildbahn auftritt. Wir unterscheiden echte Marder und Stinkmarder. Bekannteste Vertreter: Automarder, Baummarder, Noagerlmarder, Steinmarder.

Leibjäger

Morgengrauen

mausen	Lieblingsbeschäftigung der Jungjäger.
meckern	Lautmalerische Versuche sogenannter besserer Hälften, den Waidmann davon abzuhalten, alles seiner Leidenschaft zu opfern.
Meise	Eine Vogelart, die sich häufig in Köpfen niederläßt und dann dort ihr Unwesen treibt. So eine harmlose Meise führt oft bis hin zur totalen Spaltung der Persönlichkeit und zum Irresein.
mitfahren	Per Anhalter reisen.
Mittelsproß	Das zweitjüngste Kind in der Jägerfamilie.
Morgenanstand	Hat dieselbe Bedeutung wie der Abendanstand (siehe dort!).
Morgenbalz	Befällt den Jäger, wenn er die Morgenröte (siehe dort!) bemerkt.
Morgengrauen	Ist das Gefühl, welches die Jägersfrau befällt, wenn sie abends weiß, daß ihr Holder am nächsten Morgen zur Jagd geht.
Morgenröte	Ist eine liebliche Hautfärbung, die das Antlitz und den Hals der Gefährtin des Jägers befällt, wenn er nach dem Morgenansitz zu seiner Liebsten unter die Decke schlüpft. Besonders extrem tritt die M. im Winter nach dem Fuchsansitz auf (siehe auch Morgenbalz!).

Mündungsenergie Ist die abgegebene Energie, die auftritt, wenn das Geschoß (siehe dort!) den Lauf verläßt. Abhängig von der Laborierung (siehe dort!).

Muffelfleck Zeigt sich im Gesicht eines Langschläfers (Morgenmuffels), wenn man ihn frühmorgens jäh weckt. Der M. greift beim Betroffenen auf das ganze Gesicht über, wenn man nun selbst noch Hektik entwickelt und den Morgenmuffel zur Eile antreibt.

Munition Kauft der Jäger meist in größeren Mengen, um möglichst ein gutes Trefferbild zu erzielen. Er lagert sie alsdann im Waffenschrank. Da liegt sie gut. Oft wäre es besser, der Jäger hätte wenigstens eine Patrone in der Jagdjoppe, damit er auch zum Schuß kommt.

Murmeltier Gebirgsbewohnende Nagetiere, die durch ihre Spiele mit runden Kugeln, die aus einer bestimmten Entfernung in ein Loch geschubst werden, bekannt geworden sind. Ein guter Schubs wird von ihnen mit einem anerkennenden Pfiff bewundert. Ebenfalls berühmt ist ihr fester Schlaf.

N

Nachbrenner Der am nächsten Morgen, nach einem ausgedehnten Schüsseltreiben, auftretende Nachdurst (siehe auspochen!).

nachprellen Zum zweitenmal die Zeche schuldig bleiben.

Murmeltier

Nachsuche

Nachsuche	Das Aufspüren und Finden verlorengegangener Jäger nach erfolgreicher Jagd durch deren Gefährtin. Althergebrachte Einstände, kenntlich gemacht durch geparkte Autos mit Hund, sind der beste Wegweiser. Die Nachsuche ist deshalb meist erfolgreich. Sie erstreckt sich jedoch oftmals über Stunden von einer Wirtschaft zur anderen. Der Anblick des gesuchten Objekts ist — bei lang anhaltendem Nachspüren — häufig niederschmetternd.
Nachtanstand	Nette Geste des Waidmannes, wenigstens gelegentlich einmal die ganze Nacht zu Hause zu bleiben.
Nachtgreife	Barkeeper, die eine Jagdgesellschaft beim allerletzten Umtrunk nach Mitternacht bedienen.
Nachtkorn	Im Schutz der Dunkelheit getrunkenes Zielwasser.
nachziehen	Das Glas austrinken, sobald die nächste Lage kommt.
Naturschützer	Der Unterschied zwischen Jäger und Naturschützer besteht darin, daß der Jäger alles über die Natur und deren Abläufe weiß, der Naturschützer aber alles besser weiß.
Nerz	Pelztierart, die auf die gleiche Weise zu ihren Jungen kommt wie junge Mädchen zum Nerz.
Nicker	Mensch ohne Rückgrat, der zu allem ja und amen sagt.

Noagerlmarder Eine besondere Spezies der Marder (siehe dort!). Fühlt sich in großen Bierhallen (Hofbräuhaus, Mathäser) und Biergärten heimisch. Sitzt meist irgendwo unbemerkt oder schleicht durch die Gänge. Der N. zeichnet sich besonders durch gutes Seh- und Erinnerungsvermögen aus. Er wartet bis sein(e) Opfer ihren Platz verlassen haben und stürzt dann blitzschnell, bevor noch eine Bedienung abräumen kann, auf die zurückgelassenen Bierkrüge und schüttet die Reste daraus in seinen eigenen. Nach dem siegreich beendeten Beutezug zieht er sich still in eine Ecke zurück.

P

Paß Ausweis des Wildes, der über Alter, Geschlecht, Wohnort und Aufenthalt außerhalb des Reviers Aufschluß gibt. Muß ständig von demselben mitgeführt und sichtbar getragen werden, damit es vom Jäger richtig angesprochen werden kann.

Perlen 1. Ausgestorbene Gattung der Haushaltshilfen.
2. Glanzstücke der Schmuckschatulle (siehe ,,Behang''!).

Perücke Gehörn, das von klugen Böcken solange abgelegt werden kann wie Jäger in der Nähe sind.

Pfeifen Jagdteilnehmer, die zu nichts Lust haben.

Pfeifen:
„Pfeif doch mal! Ich glaube, ich träume!“

Pilzsammler	Diese Gattung zeichnet sich besonders dadurch aus (wie das Wort bereits aussagt), daß sie wahllos alle Pilze, deren sie habhaft werden können, mitnehmen. Häufig wird jedes Auffinden eines Pilzes mit Freudengeschrei bekanntgegeben — damit auch der gesamte Wildbestand des Waldes daran teilhaben kann und der Jäger immer weiß, wo sich der Pilzsammler gerade befindet (siehe auch Schwammerlsucher!).
Platz	Befehl an den Jagdhund, sich selbständig, möglichst geräuschlos und ohne Rückstände zu hinterlassen, in Luft aufzulösen.
Platzhirsch	Kann oft in Lokalen oder Diskotheken bewundert werden. Er spart nicht mit Geld und witzigen Anekdoten. Um sich herum sammelt er Schmalstücke und Alttiere, die sich ihm auch nicht entziehen können. In sicherer Entfernung tummeln sich die Beihirsche (siehe dort!). Sie versuchen bei jeder sich bietenden Gelegenheit, ein Stück abspenstig zu machen, um auch etwas beizutragen. Der P. ist jedoch sehr wachsam und behält alles im Auge. Er greift sofort jeden erkennbaren Widersacher an.
Prügelfalle	Sie wird hauptsächlich für Marder (siehe dort!) verwendet. Er erhält in ihr so eine Tracht Prügel, daß er nie mehr wiederkehrt. Äußerst kompliziert im Aufbau.
Pulver	In erster Linie im Wort ,,verpulvern" gebräuchlich und auf Geld angewendet (siehe ,,meckern"!).

Pilzsammler

„Ich habe auf eure Anweisung
sechs Gäste zum **Rebhuhn**-Essen eingeladen!“

R

Rauschzeit	Zustand verminderter Zurechnungsfähigkeit beim Schwarzwild. Wird ab und zu verwechselt mit der Zeitspanne nach der Jagd bis zum frühen Morgen.
Rebhuhn	Hühnervogel, der vorzugsweise in Weinbergen anzutreffen ist und sich von Trauben und -blättern ernährt.
Rotwild	Wild, das bei Diplomatenjagden nur für Vertreter der sogenannten „sozialistischen Staaten" zum Abschuß freigegeben ist (siehe auch „Schwarzwild"!).
Rückstoß	Ist der Gegenstoß der Büchse, wenn der Schuß raus ist. Es ist nicht wahr, daß bei jüngeren Büchsen der R. stärker ist als bei älteren. Auch bei älteren ist der R. noch ganz gut spürbar, wenn sie gepflegt und nicht vernachlässigt wurden.

S

Saubart	Beliebte Trophäe, die beim Wildschwein am Kinn und an den Backen zu finden ist. Wächst erst nach dem ersten Lebensjahr. Vorher befindet sich dort die Saufeder (siehe dort!).
Saufeder	Eine im Jugendstadium bei Frischlingen vorkommende kleine Feder, die am Kinn wächst.
Saugarten	Die verschiedenen Möglichkeiten, während der Jagd

	ohne den Umweg über einen Becher aus der Flasche zu trinken.
Schaft	Wenn er paßt, sitzt auch der Schuß.
Schießer	Bekannte Wäschemarke.
Schießnadel	Für besonders gute Schützen (siehe Schuß, Geschoß etc.!) gibt es Auszeichnungen. Wie bereits gesagt: nur stete Übung im Schießen führt zur Meisterschaft. Jeder Jäger sollte sich befleißigen, ein Meister zu sein.
Schlund	Bekommen gewisse Leute nie voll.
Schmecker	In Verbindung mit der Vorsilbe Fein — Ausdruck für einen Gourmet unter den Jägern, der den Bock, den er geschossen hat, hinterher nicht auch noch selbst ißt.
Schneider	1. Wird nicht überall hereingelassen. 2. Ansage beim Skat.
Schnellschuß	Den sollte man anderen überlassen und selbst unterlassen. Geübte Schützen lassen sich Zeit!
Schnepfe	Sie wird hauptsächlich anläßlich des Morgen- und Abendstrichs bejagt. Es erfordert eine genaue Kenntnis dieser Wildart, um die richtige Bejagung waidgerecht durchzuführen.
Schnepfenbart	Oberlippenzier älterer Damen.

Schießnadel

Schuß:
Gut abgekommen.

Schnüren
Ein beliebtes Spiel bei Jungfüchsen, wenn sie Federn eines erbeuteten Tieres auf Schnüre ziehen. Ähnlich dem Federspiel (siehe dort!).

Schränken
Einbruchdiebstahl des Fuchses, wenn er in den Hühnerstall einbricht und das Schloß knackt.

Schürzenjäger
Im 19. Jahrhundert entstandenes Spottwort für Männer, die jeder Schürze hinterherrennen. Hat mit Jagd und Jagen überhaupt nichts zu tun. Ein Jäger hat gar keine Gelegenheit zu solchen Betätigungen. Schürze ist dem Jäger nur in Verbindung mit Rehwild ein Begriff.

Schuß
Wenn nichts mehr aufzuhalten ist. Sollte sich einmal die Möglichkeit bieten, auf mehrere Objekte einen Schuß loszuwerden, so wähle man sorgfältig das geeignetste und vielversprechendste Stück aus, um ihm den Schuß anzutragen. Falsch wäre es, sein Pulver nur planlos zu verschießen.

Schußbuch
Ein Heftchen, in dem man seine Schüsse notiert. Nicht nur die guten, auch weniger gute, besondere oder Fehlschüsse sollten eingetragen werden, um die Trefferzahl zu erhöhen. Es hilft eben nur: üben und nochmals üben!

Schußfieber
Unterscheidet sich vom Jagdfieber, indem es völlig unkontrollierbar den anscheinend ruhigsten Typ mit einer Plötzlichkeit befällt, die manchen Befallenen zum schweren Atmen bringt, verbunden mit Schütteln der

Schußhitzig
„Mich würde interessieren,
woher die wissen, daß ich keine Munition mehr habe!“

Extremitäten und Zähneklappern. Tritt gewöhnlich kurz vor oder nach dem Schuß auf.

Schußhitzig Sehr häufige Unart bei jungen Jägern, die ihren Schuß (siehe dort!) gar nicht früh genug loswerden können. Wird meist übel vermerkt. Ältere Jäger wissen, wann der richtige Zeitpunkt ist.

Schußneid Die Feststellung, daß immer der andere, nie man selbst das bessere Stück erlegt.

Schußscheue Eine Gott sei Dank selten vorkommende Erscheinung, bei der Angst vor der Schußabgabe gezeigt wird. Schußscheue werden nie Jäger.

Schwammerlsucher Süddeutsche Art der Pilzesammler. Meist gute Kenner der einheimischen Pilzarten, die frühmorgens durch Dickungen streifen und dabei das Wild vergrämen, so daß der Jäger, anstatt zu Jagen, oft selbst zum Schwammerlsucher wird, um überhaupt etwas nach Hause zu bringen.

Schwarzwild Auch Wildschwein, wilde Sau oder Sauen, die einzige heimische wildlebende Tierart, die den Jäger zu sportlichen Höchstleistungen zwingen kann, als da beispielsweise sind: Kurzstreckensprints, Bäumehochklettern — Seitensprung, Rucksackweitwerfen und die Tempodisziplinen Kniezittern und Zähneklappern.

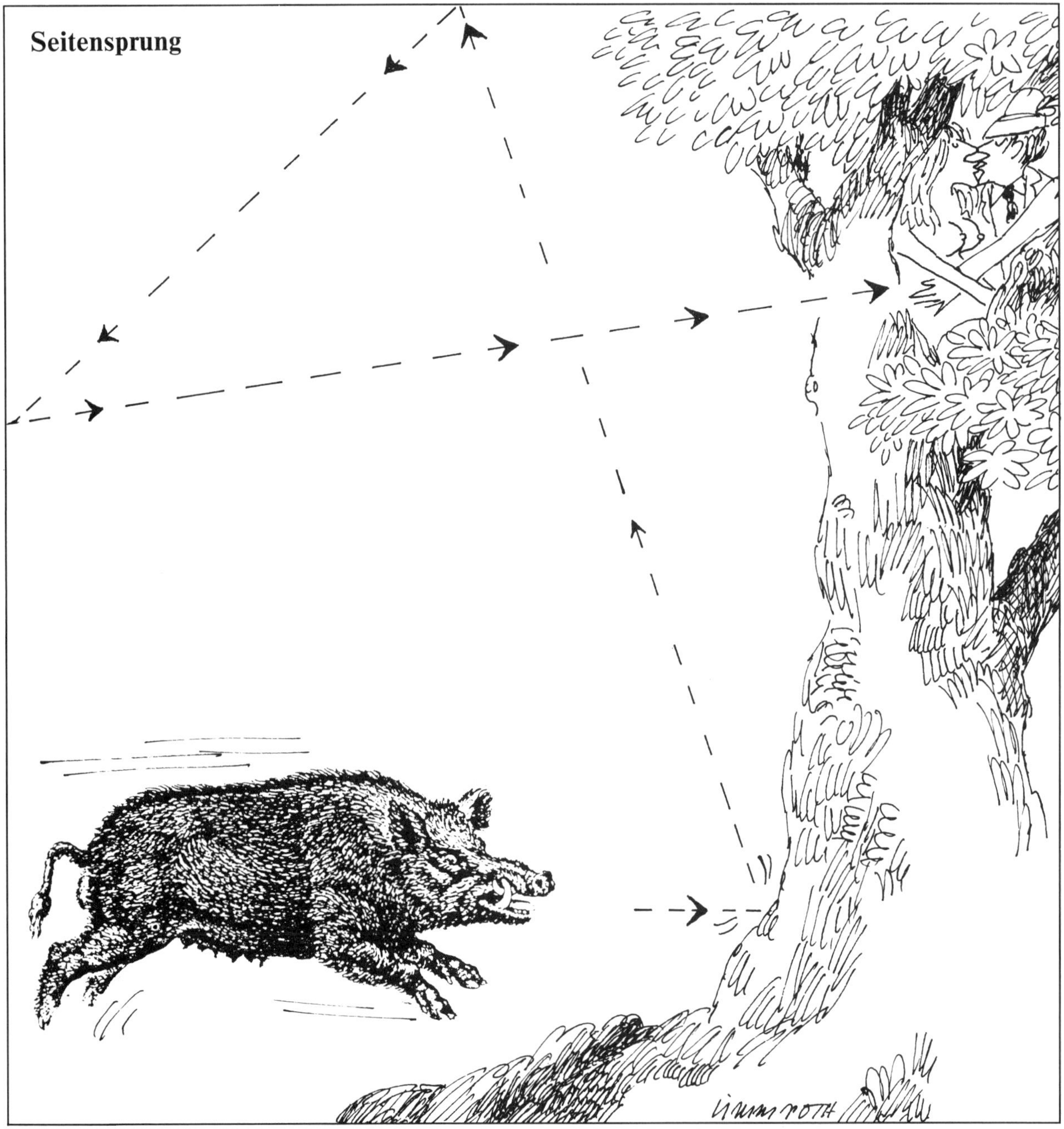

Seitensprung

Schweißarbeit	Diejenige Tätigkeit bei der Jagdausübung, bei der der Jäger ins Schwitzen gerät, wenn er über Stock und Stein und durch Stangenholz oder im blinden Vertrauen durch's Gebüsch hinter seinem Hund herstolpert (siehe auch Schweißhund!).
Schweißhund	Jagdhundrasse, die bei der Arbeit leicht ins Schwitzen kommt (transpiriert), was aber weiter nicht verwunderlich ist, weil z.B. der Bayrische Gebirgsschweißhund außerordentlich viel klettern muß. Der Hannoversche Schweißhund dagegen hat weite Strecken zurückzulegen und starke Stücke zu stellen. Das „w" ist äußerst wichtig für die Rassebezeichnung.
Sechser	Hauptgewinn im Lotto.
Seher	Mit der übernatürlichen Gabe begnadeter Mensch, vorher zu wissen, wie er hinterher abkommt.
Seitensprung	Manchmal die letzte Möglichkeit des Jägers, sich vor einer wütenden Sau zu retten.
Spiegel	Beliebter Toilettenartikel beim Rehwild. Da das Rehwild sehr eitel ist, wird der S. stets sauber gehalten. Ist das einmal nicht der Fall, weiß der Jäger, daß das Stück krank ist.
Steinbock	1. Gabelstapler, 2. Sternbild, 3. Tierkreiszeichen, 4. lustvoller Geologe, 5. nahe mit den Ziegen verwandte Horntiere.

Strecke:
„Wenn man alles zusammenrechnet,
kommt uns der Hase auf knapp 4000 Mark!“

Stöckelwild Wildart, die nicht zu den Vögeln zählt, aber sich davon ernährt; sich durch lange Läufe, meist mit roten Schalen und rotem Äser auszeichnet. Bemerkenswert die wacklige Gangart. Sehr anspruchsvoll mit der Äsung und teuer im Unterhalt.

Strecke Die Länge des aufgebahrten Wildes nach einer Treibjagd, gemessen vom ersten bis zum letzten Stück. Ein beliebtes Spiel ist das verbotene Darüberspringen, welches mit einer Lokalrunde bestraft wird. Folge: Viele Strecken enden in einem barbarischen Saufgelage.

Streuung Sowohl beim Büchsen- als auch beim Flintenschuß auftretendes Phänomen, bei dem die Treffer weiter auseinanderliegen als gewünscht. Beim Büchsenschuß ist es bei mehreren Schüssen kurz hintereinander auf die Lauferhitzung zurückzuführen. Ältere Flinten können schon ausgeschossen sein und streuen deshalb mehr.

T

Taube Wenn zwei Vögel auf einem Baum sitzen und man einen herunterschießt, der andere aber sitzen bleibt, so handelt es sich dabei mit hundertprozentiger Sicherheit um eine Taube, die den Schuß nicht gehört hat. Leicht zu bejagende Vogelart wegen ihres Gehörfehlers. Deswegen auch Friedenstaube.

Trophäenschau

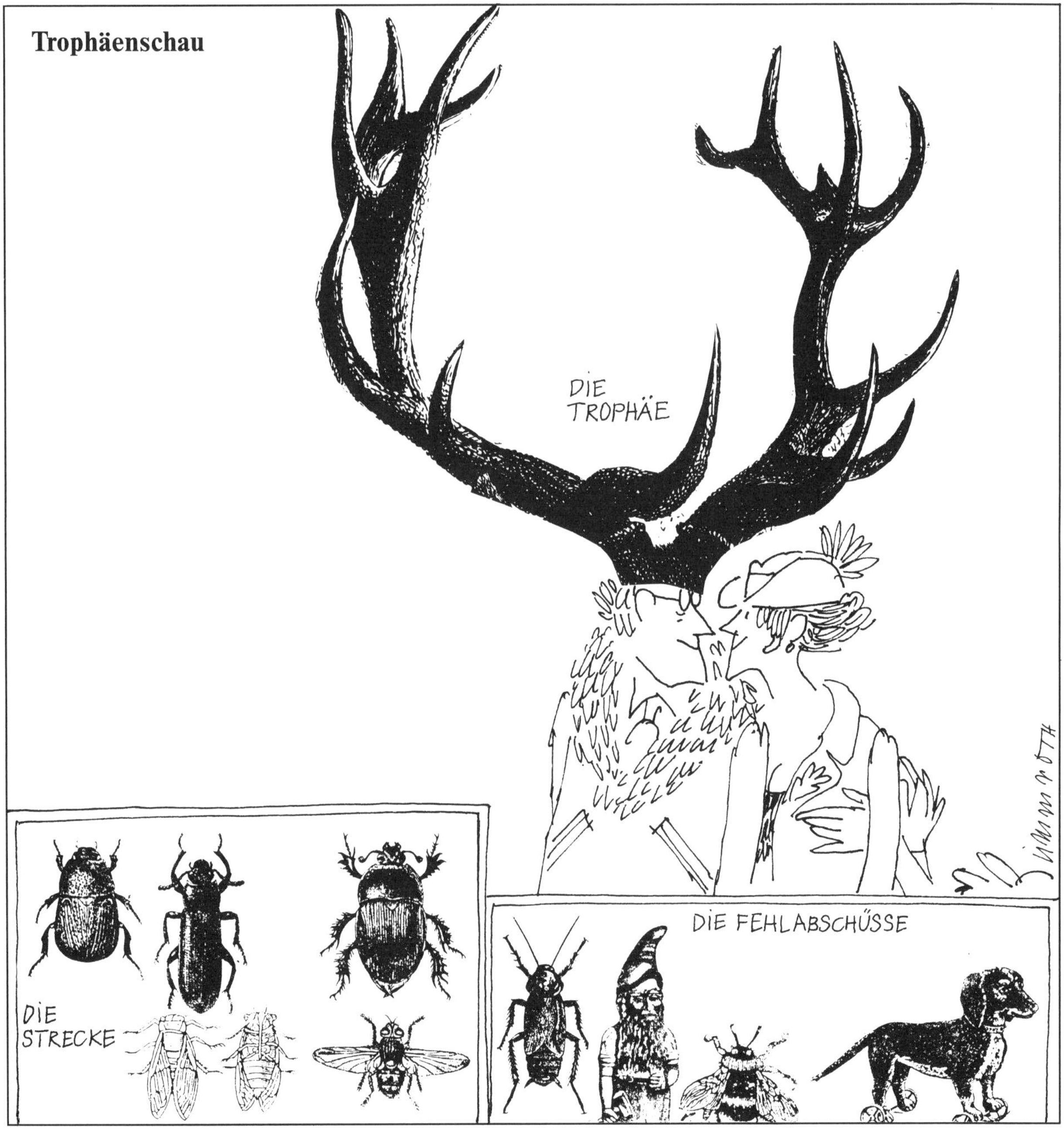

Tierschützer	Ein Verein, dessen Mitglieder sich durch übertriebene Tierliebe hervortun. Sie sollten ihre Energie und ihren Fleiß sowie ihr Mitleid auf den Kinderschutzbund konzentrieren.
Treiberwehr	Ähnlich wie bei der Bürgerwehr auf freiwilliger Basis erfolgter Zusammenschluß von Treibern mit dem Ziel, sich gegen wahllosen Abschuß zur Wehr zu setzen.
Treibjagd	Ausgezeichnete Gelegenheit, seine Mitmenschen, die ebenfalls im Besitz einer Jagdkarte sind, kennenzulernen. Es ist immer wieder erheiternd, mitanzusehen, wie aus honorigen Leuten völlig disziplinlose Nervenbündel werden, die bei jedem Rascheln das Gewehr hochreißen, ihre unerzogenen Hunde im Treiben herumlaufen lassen, auf alles schießen, was da kreucht und fleucht, Gott sei Dank aber nichts treffen. Schuld am Mißerfolg haben immer: a) die Treiber, b) der Nachbar, c) die anderen Hunde, d) das Wetter, e) die Waffe, f) die Munition. Und außerdem hatte man g) sowieso den schlechtesten Stand erwischt.
Trittsiegel	Abdruck des Schuhs, den ein Jäger hinterläßt, wenn er voller Wut aufstampft.
Trophäenschau	Nach der Jagdzeit zu tätigende Ausstellung der erbeuteten Trophäen. Dabei richten andere über die eigenen. Was man selbst für gut hält, wird oft übersehen. Fehlabschüsse werden gnadenlos aufgedeckt und mit

hämischen oder belehrenden Worten kommentiert. Es gibt Bewertungsrichtlinien für Gold-, Silber- und Bronzemedaillen. Aber wie überall, sind auch hier manchmal geheimnisvolle Größen am Werk, die jede Mathematik durcheinanderbringen und so manche Silbermedaille zur goldenen machen und umgekehrt.

Turmfalke Angehöriger einer Münchner Faschingsgesellschaft.

Tuten Verständigungsart bei Waldtreiben mit dem kleinen Jagdhorn. Da jeder Jäger auch das „Fürst Pleß'sche Jagdhorn" blasen kann, gilt für ihn der Spruch: „Von Tuten und Blasen keine Ahnung" niemals.

U

Überläufer Nennt man ein Wildschwein, das nicht erschossen werden will. Es legt statt dessen die Gewehre nieder und geht mit einer weißen Fahne auf den Jäger zu, um die Modalitäten auszuhandeln.

Uferschnepfe Vorzugsweise an Campingplätzen (siehe Zwergschnepfe!).

umstellen 1. Fähigkeit, sich während der Jagd auf eine neue Situation einzustellen, was nicht gleichmäßig gut beherrscht wird.
2. Verstellen der Uhr auf Sommer- bzw. Winterzeit.

Überläufer

Vorsicht

V

Verbandsprüfung	Irrtümlich der Pharmazie zugeordneter Begriff für die Endkontrolle von Mullbinden.
Vierling	Seltene Doppelform des Zwilling (siehe dort!).
Vogelschützer	Nicht zu verwechseln mit Vogelkundler (Ornithologen). Gattung Mensch, die sich furchtbar wichtig nimmt und überall mitsprechen will. Am liebsten würden sie die ganze Jagd abschaffen. Gründe dafür können sie nicht bzw. wollen sie nicht hören. Man erkennt sie meistens entweder an ihren Parkas oder Südwestern (Ostfriesennerzen), einem Fernglas und Notizblock. Sie sind bei jeder Witterung unterwegs und arbeiten wenigstens ehrenamtlich.
Volkszählung	Staatliche Begriffe für mehrere Rebhühner.
Vollkorn	Getreideart, die gebrannt eine besonders gelungene Schnapssorte ergibt (siehe auch Korn!).
Vorbeißer	Besonders höflicher Hund, der schwächeren die Knochen zerkleinert.
Vorsicht	Mutter der Porzellankiste. Sobald sogenannte „Staatsgäste" im Revier auftauchen, ergreift der pflichtbewußte Forstbeamte zum Schutz seiner Art umgehend besondere Vorsichtsmaßnahmen (siehe Bild!)

Vorstehen Durch eine unnormale Stellung anzeigen, daß man im Vorstandsgremium von Hühnerketten das Sagen hat.

W

Wachtel Zugvogel, der bei uns jagdlich geschont ist, aber tonnenweise, ebenso wie dessen Eier, bei uns für teueres Geld importiert wird. Auch als Teil des Schimpfwortes „Spinatwachtel" mißbraucht.

Waidlaut Ist ein Jäger, wenn er vor Damen charmante Geschichten zu erzählen weiß und die holde Weiblichkeit für sich einnimmt, um dann doch allein nach Hause zu gehen.

Wildbad Auch Suhle genannt, Freibad im Wald, zu dem jede Tierart, der nach Baden zu Mute ist, freien Zugang hat.

Wildbahn Schienenstrecke, die allein dem Wild vorbehalten ist.

Wilder Ungebundener Mann, Regisseur aus Hollywood.

Wildsau Für sie gilt die alte Jägerweisheit: „Lieber im Wald bei einer wilden Sau, als zu Haus' bei einer bösen Frau."

Wolpertinger Angeblich ein Fabeltier, das aber doch immer wieder in freier Wildbahn angetroffen wird. Leider ist die Nominalform Wolpus wolpus bavaricus tatsächlich ausgestorben. Aber in zahlreichen Hybridformen lebt der

Wildsau

W. weiter. Die Jagd auf den W. gestaltet sich außerordentlich vielfältig. Sie ist auch nur noch echten Wolpertingerjägern gestattet. Jeder Fremde, der bei der Jagd nach dem W. angetroffen wird, hat schwerwiegende Folgen zu erwarten. Der W. ist wegen seines Fells und der unterschiedlichen Formen wegen sehr begehrt. Die einfachste Jagdart auf den W. ist der Ansitz vor dem Bau. Dabei hat der Jäger einen Sack nebst Kerze dabei. Das Licht der Kerze irritiert den W. beim Verlassen des Baues. Als weitere Hilfsmittel dienen dem W.-jäger zwei Holzklöppel, die, in einem bestimmten Rhythmus geschlagen, die Brunftlaute des W. nachahmen. Verläßt der liebestolle W. den Bau, um eine Vereinigung einzugehen (W. leben polygam), ist es für den Jäger ein leichtes, ihn in den Sack zu stecken, weil er ja durch das Kerzenlicht verwirrt ist, und ihn nach Hause zu tragen. Schwieriger gestaltet sich die Jagd auf den Flugwolpertinger Wolpus lusthansicus, der auf Schrote immun ist. Er muß nach langwierigem Ansitz mit dem Netz gefangen werden. Daß der W. lebt, zeigen neueste Presseberichte, in welchen berichtet wird, wie es dem Verfasser gelungen ist, einen Flugwolpertinger zu erbeuten und diesen jagdlich zur Beizjagd abzuführen.

Wolpertinger

Zufallstreffer

Z

Zufallstreffer Tritt besonders bei jagdlichem Schießen im Vergleichskampf immer beim schärfsten Konkurrenten auf. Denn dreimal die Zehn zu schießen, kann bei **dem** doch bloß Zufall sein. Bei einem selbst ist es natürlich Können. Glück haben immer die anderen.

Zügel Bei der Gemse (siehe dort!) am Kopf eingebaute Lenkhilfe.

Zwergschnepfe Kleine Prostituierte.

Zwilling Weitverbreitet in Jägerfamilien, kommt sehr häufig vor.

Zwergschnepfe

Ende gut – alles gut!

ISBN 3-8231-0135-8

ISBN 3-8231-0543-4

ISBN 3-8231-0126-9

ISBN 3-8231-0188-9

ISBN 3-8231-0176-5

ISBN 3-8231-0085-8

ISBN 3-8231-0166-8

ISBN 3-8231-0084-X

ISBN 3-8231-0139-0

ISBN 3-8231-0082-3

Fröh·li·che Wör·ter·bü·cher von A–Z

ISBN 3-8231-0189-7

ISBN 3-8231-0116-1

ISBN 3-8231-0173-0

ISBN 3-8231-0177-3

ISBN 3-8231-0096-3

ISBN 3-8231-0105-6

ISBN 3-8231-0138-2

ISBN 3-8231-0070-X

ISBN 3-8231-0159-5

ISBN 3-8231-0094-7

ISBN 3-8231-0179-X

ISBN 3-8231-0110-2

ISBN 3-8231-0069-6

ISBN 3-8231-0081-5

ISBN 3-8231-0162-5

ISBN 3-8231-0181-1

ISBN 3-8231-0545-0

ISBN 3-8231-0101-3

ISBN 3-8231-0190-0

ISBN 3-8231-0565-5

ISBN 3-8231-0120-X

ISBN 3-8231-0534-5

ISBN 3-8231-0121-8

ISBN 3-8231-0152-8

ISBN 3-8231-0157-9

ISBN 3-8231-0144-7

ISBN 3-8231-0080-7

ISBN 3-8231-0114-5

ISBN 3-8231-0113-7

ISBN 3-8231-0541-8

ISBN 3-8231-0544-2

ISBN 3-8231-0107-2

ISBN 3-8231-0128-5

ISBN 3-8231-0191-9

ISBN 3-8231-0067-X

ISBN 3-8231-0112-9

ISBN 3-8231-0086-6

SBN 3-8231-0542-6

ISBN 3-8231-0149-8

ISBN 3-8231-0548-5

ISBN 3-8231-0546-9

ISBN 3-8231-0147-1

SBN 3-8231-0187-0

ISBN 3-8231-0167-6

ISBN 3-8231-0077-7

ISBN 3-8231-0540-X

ISBN 3-8231-0088-2

SBN 3-8231-0129-3

ISBN 3-8231-0143-9

ISBN 3-8231-0093-9

ISBN 3-8231-0098-X

ISBN 3-8231-0168-4

SBN 3-8231-0119-6

ISBN 3-8231-0123-4

ISBN 3-8231-0134-X

ISBN 3-8231-0650-3

ISBN 3-8231-0154-4

SBN 3-8231-0163-3

ISBN 3-8231-0192-7

ISBN 3-8231-0076-9

ISBN 3-8231-0193-5

ISBN 3-8231-0164-1

ISBN 3-8231-0169-2

ISBN 3-8231-0124-2

ISBN 3-8231-0170-6

ISBN 3-8231-0539-6

ISBN 3-8231-0066-1

ISBN 3-8231-0092-0

ISBN 3-8231-0140-4

ISBN 3-8231-0194-3

ISBN 3-8231-0091-2

ISBN 3-8231-0185-4

ISBN 3-8231-0538-8

ISBN 3-8231-0090-4

ISBN 3-8231-0117-X

ISBN 3-8231-0566-3

ISBN 3-8231-0558-2

ISBN 3-8231-0171-4

ISBN 3-8231-0065-3

ISBN 3-8231-0074-2

ISBN 3-8231-0097-1

ISBN 3-8231-0156-0

ISBN 3-8231-0109-9

ISBN 3-8231-0175-7

ISBN 3-8231-0064-5

ISBN 3-8231-0172-2

ISBN 3-8231-0560-4

ISBN 3-8231-0535-3

ISBN 3-8231-0073-4

ISBN 3-8231-0174-9

ISBN 3-8231-0537-X

ISBN 3-8231-0111-0

ISBN 3-8231-0561-2

ISBN 3-8231-0559-0

ISBN 3-8231-0536-1

ISBN 3-8231-0183-8

ISBN 3-8231-0184-6

ISBN 3-8231-0151-X

Fröh·li·che Wör·ter·bü·cher von A–Z

ISBN 3-8231-0130-7

ISBN 3-8231-0158-7

ISBN 3-8231-0125-0

ISBN 3-8231-0131-5

ISBN 3-8231-0530-2

ISBN 3-8231-0531-0

ISBN 3-8231-0195-1

ISBN 3-8231-0141-2

ISBN 3-8231-0083-1

ISBN 3-8231-0150-1

ISBN 3-8231-0145-5

ISBN 3-8231-0146-3

ISBN 3-8231-0115-3

ISBN 3-8231-0178-1

ISBN 3-8231-0118-8

ISBN 3-8231-0103-X

ISBN 3-8231-0155-2

ISBN 3-8231-0196-X

ISBN 3-8231-0161-7

ISBN 3-8231-0197-8

ISBN 3-8231-0160-9

ISBN 3-8231-0132-3

Fröh·li·che Wör·ter·bü·cher von A–Z

ISBN 3-8231-0133-1

ISBN 3-8231-0148-X

ISBN 3-8231-0142-0

ISBN 3-8231-0199-4

ISBN 3-8231-0099-8

ISBN 3-8231-0089-0

ISBN 3-8231-0186-2

ISBN 3-8231-0071-8

ISBN 3-8231-0563-9

ISBN 3-8231-0547-7

ISBN 3-8231-0072-6